LA
PÊCHE A LA LIGNE

IMP. GEORGES JACOB, — ORLÉANS.

LA
PÊCHE A LA LIGNE

PAR

CH. WALLUT

PARIS

LIBRAIRIE CH. DELAGRAVE

15, RUE SOUFFLOT, 15

—

1884

LA PÊCHE A LA LIGNE

I

— Quand je te dis, reprit Bébé André, qu'hier Maurice, Raymond et moi nous avons, à nous trois, pris en deux heures plus de quatre-vingts goujons.

— C'est impossible, fit Georges ; je suis allé dix fois à la pêche, et je n'en ai jamais rapporté une méchante ablette.

— C'est que tu ne sais pas t'y prendre. Nous, à chaque coup, paf ! un goujon.

— Paf ! Tiens, tu n'es qu'un *blagueur*.

A cette expression peu parlementaire, Bébé André sentit le rouge de la colère lui monter au visage. Il fronça le sourcil, ferma le poing et peu s'en fallut qu'il n'allongeât une vigoureuse bourrade à son cousin et ex - ami Georges.

Mais Bébé André n'est pas un sot, comme on va voir. C'est un charmant petit garçon aux cheveux blonds, au teint rose et blanc, à l'œil vif, plein de malice. Avec cela bien planté sur ses jambes. Un petit luron, si vous voulez, mais un luron de sept ans. Or, maître Georges est le contemporain de Maurice, le grand frère, ce qui lui donne ses douze ans bien sonnés. Aussi, sans longues réflexions, Bébé André comprit-il que la lutte se présentait dans des conditions trop inégales, et qu'un horion ne guérirait pas la blessure faite à son amour-propre. Encore ce horion, s'il devait le donner ! mais il était à peu près sûr de le recevoir, ce qui est fort différent, j'en appelle au témoignage de tous les enfants.

Donc, Bébé André s'abstint d'ouvrir les hostilités. Ce qui prouve, comme j'ai eu l'honneur de le dire, que M. Bébé n'est pas un sot.

Je sais bien ce que vous allez me répondre : il avait la ressource de fondre en larmes. Belle ressource, en vérité ! Je vous demande un peu si Cincinnatus, Épaminondas, Scipion l'Africain et M. de Lafayette, que Bébé André entendait chaque jour citer comme des exemples à suivre, je vous demande un peu si ces grands hommes avaient l'habitude de tirer leur mouchoir de leur poche et de s'essuyer les yeux au moindre mot mal sonnant. L'histoire ne dit même pas que les premiers eussent des mouchoirs, ce qui ouvre à notre esprit d'inquiétantes perspectives. Car enfin, lorsqu'ils étaient enrhumés....

Mais je ferme cette trop longue parenthèse.

Comme Bébé André venait d'offrir au monde et à son cousin Georges cet exemple mémorable de prudence et de grandeur d'âme, Maurice et Raymond, leurs leçons apprises, descendirent au jardin, et naturellement Bébé André invoqua leur témoignage. Naturelle-

ment aussi les deux frères lui donnèrent raison, puisque Bébé André n'a-
vait dit que la vérité.

Mais le cousin Georges refusait encore de se rendre.

— Eh bien, conclut Raymond, avec
cette logique qui caractérise son gros
bon sens, interroge papa. Puisque c'est
avec lui que nous sommes allés à la
pêche, il saura peut-être convaincre
ton incrédulité.

Là-dessus les enfants réconciliés
m'appelèrent à grands cris.

J'accourus, croyant à quelque accident, mais je fus bien vite rassuré, à voir leurs mines éveillées, et je compris aussitôt qu'ils avaient une requête à m'adresser.

Tous quatre se mirent à parler à la fois, comme il arrive d'ordinaire en pareille occurrence.

— Parlez chacun à votre tour, si vous voulez que je vous entende, m'écriai-je, tout étourdi.

Raymond, l'orateur de la bande, m'exposa le motif de la discussion.

Quand il eut fini :

— Georges a tort, dis-je, d'abord parce que je vous ai appris à ne jamais mentir, ensuite parce que le mot dont il s'est servi n'appartient pas précisément au dictionnaire de la bonne compagnie.

Ce fut au tour de mon neveu de rougir jusqu'aux oreilles.

Je vis que la leçon avait porté et, ne voulant pas insister, désirant au contraire mettre fin à cette petite querelle, je repris d'un ton de bonne humeur :

— Quand deux personnes pêchent l'une à côté de l'autre, c'est-à-dire dans des conditions en apparence identiques, il arrive souvent que la première ne prend rien, tandis que la seconde emplit son panier de poissons jusqu'au bord. — C'est la chance, dit la première, donnant à sa maladresse une explication plus maladroite encore.

Je vous engage vivement, mes enfants, à ne jamais compter sur un pareil auxiliaire dans la vie, cette grande partie que vous jouerez plus tard. La chance n'est rien, ou du moins si peu de chose ! Les vrais atouts sont l'intelligence, l'expérience, en un mot l'emploi raisonné des facultés que Dieu a mises en nous.

Si je ne craignais d'élargir la question outre mesure, je vous dirais : Voyez ce que sont devenus les disciples de Mahomet, ces sectateurs d'une religion dont le premier dogme se nomme le fatalisme, un synonyme de chance. Débordés par les races chrétiennes, demain peut-être ils se verront refoulés dans les profondeurs de l'Asie qui fut leur berceau. Aide-toi, le ciel t'aidera, dit au contraire la loi du Christ, qui guide l'humanité dans les voies du progrès et de la civilisation. Mais de semblables arguments dépassent la portée de vos jeunes intelligences, et, revenant sans transition au sujet qui vous occupe, j'ajoute : La pêche, texte d'éternelles plaisanteries pour le vulgaire, est un art, ne vous trompez pas, et un art d'une importance capitale.

Alors que Triptolème n'avait pas encore enseigné à l'homme la culture des céréales, et Tubalcain l'emploi des métaux, la pêche et la chasse furent les seules ressources qui empêchèrent nos ancêtres de mourir de faim.

Dans des temps moins reculés, voulez-vous savoir quels sont les titres du hareng, cette modeste *clupée*, à la reconnaissance du monde entier en général et de la Hollande en particulier? Voici ce que j'écrivais en 1857 dans les colonnes du *Musée des familles :*

« Chaque année la pêche du hareng occupe des centaines de navires, sa préparation, des milliers de villages, et sa chair fait vivre des millions d'individus. Quant à la Hollande, c'est au hareng qu'elle doit sa marine, ses colonies, son indépendance et ses richesses.

« Autrefois — ce n'est pas une histoire d'aujourd'hui que je vous raconte — la Hollande était un pays pauvre et sans grandes ressources, toujours occupé à se défendre contre

La pêche du hareng.

les attaques et les envahissements de ses voisins et surtout de la mer, sa plus redoutable voisine. Mais voilà qu'un jour, sur les côtes de la Norwège, ses pêcheurs rencontrèrent des bancs de harengs, et, de retour à Amsterdam, échangèrent leurs tonnes de harengs contre des tonnes d'or.

« Tel est le point de départ de cette puissance qui, maîtresse à son tour de la mer, par ses digues et ses flottes, fonda des comptoirs dans les quatre parties de l'univers, contrebalança l'influence maritime de l'Angleterre, et osa tenir tête à Louvois et à Louis XIV.

« Du reste, rendons-lui justice, la Hollande ne se montra pas ingrate envers son bienfaiteur, et, en mémoire de la précieuse découverte qui fit la fortune du pays, chaque année les premiers harengs que les pêcheurs rapportent de la mer du Nord sont servis sur la table du roi. Et qu'on nie que les petites causes produisent souvent les grands effets. »

J'aurais pu dire encore que Charles

d'Autriche, le redoutable empereur, alla incliner son front victorieux devant le tombeau de Guillaume Denkelzoon, le pêcheur de Biervliet, qui le premier enseigna l'art de saler et d'encaquer le hareng, sans oublier que c'est à nos compatriotes, aux habitants de Dieppe, que nous devons celui de le fumer.

Vous le voyez, mes enfants, la pêche n'est pas toujours cet amusement frivole qui prête tant à rire à nos caricaturistes.

Je sais qu'il s'agit ici de la pêche au

filet, non de la pêche à la ligne, bien que la ligne seule, sur les bancs de Terre-Neuve, serve à prendre ces belles morues, objet d'un commerce qui se chiffre par millions de francs.

Réduite aux proportions d'un plaisir, la pêche n'exige pas moins une certaine adresse, et, avant tout, la connaissance exacte des mœurs et des habitudes du poisson.

Voilà pourquoi, tout à l'heure, je prononçais le mot *art* en parlant d'elle ; voilà pourquoi les uns sont habiles, et les autres maladroits, sans que la chance ait rien à voir dans la question.

Et, comme je voyais mon jeune auditoire attentif, je continuai :

— Du reste, la leçon est incomplète qui ne s'appuie pas sur l'exemple, et, si cela vous convient, je propose pour demain matin une grande partie de pêche au goujon.

Ici je fus interrompu par de tels cris, de telles manifestations de joie qu'il était vraiment bien inutile de mettre ma proposition aux voix.

— Merci, petit papa, s'écria Bébé André.

— Vive petit papa ! s'écrièrent les aînés.

Et en un instant, au risque de me renverser, se hissant les uns sur les autres, grimpant après mes jambes, me tirant par la barbe et les cheveux, les quatre bambins vinrent déposer leur vote sur ma joue sous la forme de gros et sonores baisers.

— Eh bien, dis-je, quand j'eus retrouvé mon équilibre et rétabli l'ordre dans ma toilette, voilà qui est convenu ; à demain matin, et je promets à Georges de lui faire prendre son premier goujon et sa première leçon.

Certes je n'étonnerai pas mes lecteurs en affirmant que le reste de la journée parut bien long à MM. Maurice, Raymond, Bébé André et Georges.

Cependant, si peu qu'il se presse, le temps marche toujours, et le lendemain arriva comme le lendemain arrive depuis le commencement du monde.

J'avais mis les heures à profit et préparé les armes : quatre cannes en jonc, des lignes, une épuisette, un nombre respectable d'hameçons, en cas d'accidents, des sondes, etc.

Il va sans dire que je ne comptais pas pêcher moi-même, me réservant de surveiller mes jeunes élèves.

Dès cinq heures du matin chacun était sur pied et quatre voix joyeuses montaient jusqu'à ma chambre, me reprochant ma paresse et mon indulgence pour le sommeil. Reproche bien immérité, car j'avais endossé ma vareuse et passé une des jambes de ma culotte.

Mon arrivée fut saluée d'une unanime acclamation, et je me vis un instant menacé d'un assaut semblable à celui de la veille. Heureusement la maman fit diversion ; elle me suivait portant le panier aux larges flancs qui a donné naissance à l'aphorisme : « La pêche, comme le duel, n'est souvent qu'une occasion de déjeuner. »

Dame, si le pêcheur veut que le

poisson morde, ne faut-il pas lui donner l'exemple?

De nouveaux cris de joie remercièrent l'excellente ménagère de son aimable attention.

Est-il besoin d'ajouter qu'en mère un peu craintive, elle ne m'épargna ni les conseils ni les recommandations.

En nous disant adieu, en nous embrassant, un petit soupir qu'elle ne put réprimer fut d'ailleurs sa seule protestation contre un plaisir dont elle redoute toujours les dangers.

Je lui serrai la main pour la rassu-
rer, et comme six heures sonnaient à
la pendule du salon, nous nous mettions en marche.

II

J'habite, pendant la belle saison, une propriété située à Saint-Germain-en-Laye, et éloignée d'une demi-lieue environ de la Seine. C'est d'ordinaire une promenade d'une demi-heure environ. Mais, ce jour-là, en un quart d'heure la distance était franchie, tant il est vrai que l'impatience nous

Le départ pour la pêche.

chausse ces bottes de sept lieues que l'on dit perdues depuis la mort du petit Poucet.

Bébé André marchait le premier, le nez en l'air, les mains dans les poches, gourmandant petit papa, qui, en sa qualité de bête de somme, formait l'arrière-garde de la caravane. Ainsi le fabuliste nous représente la mouche du coche.

Au Port-Marly, où nous nous rendions, nous trouvâmes un bateau tout préparé ; j'y installai mon petit monde, je saisis les avirons, et je commençai à remonter le courant de la rivière.

Tout en ramant, je donnai à mes élèves les premières instructions.

— Le goujon que nous allons pêcher, dis-je, se trouve d'ordinaire sur les fonds de sable ; il aime les courants modérés. Le temps, du reste, me paraît favorable, le ciel est orageux, l'eau tranquille, je crois que nous ne reviendrons pas les mains vides.

Nous passoins, en ce moment, devant un de mes amis.

— Cela mord-il, monsieur Houssoye ? demandai-je.

— Ça boulotte ! ça boulotte. Où allez-vous ?

— Nous remontons. Vous voyez que je suis en famille.

— Bonne chance !

— Merci !

Quelques instants après, nous étions arrivés au bac qui relie l'Ile-la-Loge à la terre ferme. Je laissai tomber les avirons ; puis, saisissant une perche ou *fiche* munie à son extrémité inférieure d'une tige de fer aiguë, je l'enfonçai dans le sable et l'attachai à l'avant du bateau par une corde. Une seconde fiche de même à l'arrière nous maintint immobiles au milieu du courant.

Déjà les enfants se précipitaient sur les lignes pour commencer la pêche.

J'eus quelque peine à modérer cette belle ardeur.

— Ne nous pressons pas trop, dis-je ; j'ai promis de vous donner une leçon, donc il faut faire les choses en conscience, et d'abord mettre vos armes en état. Le corps de la ligne doit avoir exactement la longueur de la gaule, de façon que le poisson, une fois pris et enlevé, vienne de lui-même dans la main du pêcheur. Le goujon, à qui nous déclarons la guerre, se trouvant toujours au fond de l'eau, deux hameçons suffisent. Si nous en mettions un plus grand nombre, outre l'inconvénient de voir la ligne s'emmêler à chaque instant, nous serions parfaitement sûrs que les hameçons supérieurs laisseraient à leurs frères d'en bas toute la responsabilité de la besogne. Nous espacerons nos deux hameçons de dix à quinze centimètres. Voici donc une ligne prête. Maintenant la grande question est de prendre le fond et de nous assurer que ce fond est bien égal, qu'aucune herbe ou racine ne nous arrêtera.

Ce disant, je tirai de ma poche une *sonde*, que j'appellerai la loi et les prophètes du pêcheur à la ligne. La sonde est une petite pyramide en plomb, pourvue à la partie supérieure d'un anneau et à la partie inférieure d'une rondelle de liège. L'hameçon de la ligne se passe dans l'anneau et vient se fixer au liège. On jette alors la ligne à l'endroit ou l'on veut pêcher. La pesanteur de la sonde l'entraîne jusqu'au fond. Si la plume ou *flotte* disparaît, c'est que l'on n'a pas donné à la ligne une longueur convenable. Il faut alors l'allonger, en faisant glisser la *flotte* le long du fil, jusqu'à ce que le bas de la plume affleure le niveau de l'eau. On est sûr alors que l'hameçon repose sur le sable. Si au contraire la *flotte* n'est pas entraînée, c'est que la ligne est trop longue, et on la ramène aux proportions indiquées plus haut. Il se peut aussi que le fond s'abaisse ou se relève de l'avant du bateau à l'arrière, ce qui est une mauvaise condition pour pêcher. Le mieux serait alors de chercher une autre place plus égale et plus commode. Quant à la *flotte*, elle doit être perpendiculaire à l'eau, un tiers seulement émergeant. Les enfants avaient suivi tous mes préparatifs d'un œil attentif.

— Autrefois, repris-je, on ne se servait guère pour la pêche du goujon que de vers de terreau. Depuis une dizaine d'années on a substitué au vers de terreau le vers de vase. Cette dernière amorce, dont le goujon est particulièrement friand (les autres poissons ne l'apprécient pas moins), se trouve dans la vase, ce qui lui a valu son nom, et se vend chez presque tous les marchands d'instruments de pêche. Comme vous le voyez, ajoutai-je, en prenant quelques vers dans une boîte, ce n'est guère qu'une goutte de sang renfermée dans une petite vessie. Aussi faut-il parfois mettre trois et quatre vers au même hameçon. L'animal est d'une ténuité et d'une délicatesse telles que les pêcheurs novices éprouvent la plus grande difficulté à l'accrocher et souvent l'écrasent dans leurs doigts. On doit aussi le tenir soigneusement à l'ombre, dans un linge humide. Le soleil le dessécherait en quelques instants.

Mais voici notre ligne amorcée, une opération encore et nous commençons.

J'ai dit que l'art de la pêche consiste, avant tout, à connaître les mœurs et les habitudes du poisson. Je le prouve. Le goujon aime particulièrement les eaux troubles, parce qu'il suppose, non sans raison, que ces eaux, chargées de matières animales, lui apporteront une proie quelconque. Donc, à défaut d'eaux troubles naturelles, le pêcheur doit en créer d'artificielles.

Mon neveu Georges ouvrit de grands yeux.

— Des eaux troubles artificielles, mon oncle, qu'entendez-vous par là ?

— Tu vois bien, mon enfant, cette longue perche de bois emmanchée dans une palette de fer recourbée, que j'ai déposée tout à l'heure au fond du bateau. Tu t'es demandé sans doute à quel usage elle pouvait servir. Cet usage, le voici : je vais avec elle gratter, ratisser le fond même de la rivière, *pilonner*, en langue *ichthyophile*. J'établis ainsi un petit filon d'eau trouble que le courant emporte en aval. Le goujon, rencontrant cette eau trouble, remonte et se rassemble à l'endroit même que j'ai nettoyé. Tiens ! l'opération est faite : jette ta ligne un peu au-dessus de ce point, laisse-la descendre, et attends, pendant que je prépare celle de Bébé André.

Georges s'empressa d'obéir.

La ligne lancée à quelques mètres en amont s'enfonça lentement grâce à la pesanteur des plombs, puis la flotte se releva et disparut aux deux tiers, le troisième tiers, pareil à un petit mât, s'élevant droit et perpendiculairement au plan horizontal formé par le niveau de la rivière, et la ligne commença à descendre le courant.

Quand elle fut arrivée juste au point où j'avais remué le fond, soudain la flotte fut entraînée par un coup vif et prompt.

— *Ferre ! ferre* donc ! m'écriai-je.

Georges, troublé, enleva la ligne à la

force du poignet, mais avec une telle vigueur et à une telle hauteur, que bien en prit à la lune de ne pas passer en ce moment sur nos têtes.

Du reste les deux hameçons étaient *nettoyés*, sans que le moindre goujon apparût dans les nuages où la ligne s'égarait.

Mon neveu me regarda d'un air moitié honteux, moitié colère.

— Qu'est-ce que cela signifie? demanda-t-il.

— Cela signifie que le poisson n'est

pas à tes ordres et ne va pas attendre tranquillement qu'il te plaise de ferrer. Tu as trop tardé. Du reste, le mal n'est pas grand. A la façon dont tu as enlevé la ligne, tout eût cassé pour peu que le poisson fût resté à l'hameçon. C'est une revanche à prendre. Recommençons.

— Paf! un goujon, s'écria Bébé André, qui, pendant ce temps, avait commencé à pêcher. A moi le premier!

Et voilà mon petit bonhomme, trans-

Les bords de la Seine.

porté de joie, qui se met à sauter et à dessiner un entrechat fantastique.

— Halte-là, monsieur Bébé, dis-je. C'est très bien de prendre le premier goujon, mais vous savez que les entrechats sont sévèrement défendus par le règlement du bord. Nous ne sommes pas ici sur la terre ferme, nous avons deux mètres d'eau sous les pieds et il ne me plairait nullement de vous voir faire chavirer le bateau ou piquer une tête dans la rivière. Donc veuillez, je vous prie, mettre votre enthousiasme dans votre poche ou exécuter vos entrechats sans remuer, et à l'intérieur.

Mais monsieur Bébé avait bien de la peine à m'entendre. Il était tout à son goujon. Il le tenait, le retournait dans tous les sens, le faisait sauter, le rattrapait dans la main, tandis que le pauvret, très vexé de ces familiarités et de ces caresses, s'agitait et frétillait au bout de la ligne.

Je terminai ce martyre en le décrochant et en le mettant dans un filet, aux mailles serrées, qui plongeait dans l'eau.

— Et d'un ! dis-je.

— Et de deux ! fit Maurice.

— Et de trois, dit Raymond, vive la joie et les pommes de terre !

En effet, pendant les scènes précédentes, mes deux fils aînés avaient organisé eux-mêmes leurs lignes, *pilonné* de l'autre côté du bateau, pour ne pas gêner leur petit frère et Georges ; et, du premier coup, chacun d'eux avait pincé un goujon.

Donc, la pêche s'annonçait sous de favorables auspices, Georges seul n'avait pas encore étrenné !

Je remets sa ligne en état.

Bon ! la flotte commence à trembler, Georges ferre. Cette fois encore, rien !

— Rien ! s'écrie mon neveu.

— Et de quatre, répond Bébé André.

— Et de cinq !

— Et de six !

— Allons ! reprend Henri, d'une voix où le dépit perce malgré lui, décidément je n'ai pas de chance. Mes vers sont encore dévorés, et...

— Je croyais t'avoir expliqué, mon cher enfant, dis-je, ce que valait le mot *chance* aux yeux d'un homme intelligent. Tu n'as rien pris la première fois, parce que tu as ferré trop tard, la seconde fois parce que tu as ferré trop tôt. Je reconnais cependant qu'il y a progrès et que, ce dernier coup, la lune n'a couru aucun danger.

— Petit papa, fit Bébé André d'un ton câlin et en me regardant en dessous, comme il me regarde quand il veut avoir bon marché de ma volonté, si tu me remettais mes vers, dis, petit papa.

— Apportez votre ligne, monsieur, mais plus d'entrechats !

— Et moi, papa, dit Raymond.

— Et moi, papa, dit Maurice.

De sorte que, bon gré, mal gré, me voilà attelé à une rude besogne : amorcer quatre lignes !

Les goujons succédant aux goujons, presque sans interruption, bientôt je n'y suffis plus, il faut prendre la queue ;

pour un rien je distribuerais des contremarques.

Georges lui-même en a rappelé de ses maladresses premières.

— Mon oncle ! mon oncle ! un goujon ! un gros goujon !

— Eh bien, mon enfant, tu vois, ce n'est pas bien difficile.

— Je n'en ai encore pris qu'un, mais c'est le plus beau de la journée.

— Ah ! laisse donc, se récrie Raymond, j'en ai un bien plus mirobolant, on dirait une maman goujonne.

— Et celui que je viens de laisser retomber, fait à son tour Bébé André, c'était l'empereur des goujons.

Règle générale : il n'y a qu'un poisson plus beau que celui que nous avons pris, c'est celui que nous avons manqué.

— Mon second, dit Georges.

— Je ne compte plus, dit Maurice.

Cela dure une demi-heure environ, pendant laquelle chaque coup fait une victime. Puis, peu à peu, les *touches* deviennent plus rares, je commence

à me reposer, je respire.

— Tiens ! ça ne mord plus, dit

Bébé André.

— Ça mord encore, dit Raymond,

mais on ne les prend plus.

— C'est que la place s'use. En

pilonnant, nous avons fait monter tous

les goujons qui folâtraient à la ronde.

Maintenant, tous ces goujons, ou à peu

près tous, sont dans notre filet. Il ne

reste plus que le fretin qui suce les

vers sans pouvoir happer l'hameçon.

— Eh bien, que faut-il faire?

— Tout uniment changer de place, monter ou descendre une dizaine de mètres, et recommencer comme tout à l'heure.

Et, en effet, nous changeons de place, nous *repilonnons*, nous reprenons le fond, et, cela fait, les goujons reviennent en gens qui n'ont aucun soupçon du sort qui les attend.

Il est dix heures. Nous avons une friture superbe.

— Allons! mes enfants, dis-je, la

journée s'avance et voici l'heure du déjeuner qui approche.

— Oh ! petit papa, nous n'avons pas faim. Un coup encore ! nous nous amusons tant.

— Un dernier, soit ! mais ensuite nous irons déjeuner, d'autant que le ciel se couvre de plus en plus et que ces gros vilains nuages noirs, qui nous arrivent de Marly, pourraient bien nous présager un orage prochain.

Je ne me trompais pas, c'était bien un orage qui s'approchait ; la lourdeur de l'atmosphère chargée d'électricité, l'obscurité qui, presque soudainement, avait succédé à l'éclat du jour, ne pouvaient me laisser le moindre doute à cet égard. Même quelques éclairs précurseurs illuminaient, d'instant en instant, le magnifique panorama des coteaux de Louveciennes et de Bougival.

Donc, les fiches furent enlevées et rangées au fond du bateau avec les lignes et le *pilon*, et, reprenant les avirons, je me dirigeai prudemment vers un établissement de bains, où nous devions trouver un asile en cas de pluie.

Bien m'en prit, car à peine nous débarquions, nous et nos provisions de bouche, de larges gouttes commençaient à faire clock! clock! dans la rivière.

Dix minutes après, nous étions en plein orage ; la pluie tombait si serrée et si forte qu'elle formait comme un écran qui cachait l'horizon à dix pas devant nous.

Heureusement nous étions à l'abri.

Je m'occupai alors du panier que mon excellente femme avait préparé de ses mains (elle n'abandonne jamais à d'autres un soin qui, dit-elle, regarde exclusivement les mamans), et j'en tirai successivement un poulet froid, du pain, des fruits, des gâteaux, du fromage, voire même une bouteille de vin vieux.

Mes petits gars ouvraient de grands yeux, en attendant qu'ils ouvrissent une grande bouche. Et, quand nous fûmes assis en rond autour de nos richesses étalées, quand je donnai le signal du combat, je vous assure qu'ils firent honneur au déjeuner, eux qui n'avaient pas faim l'instant d'auparavant.

Au bout d'un quart d'heure, il ne restait plus que des os, et encore ! Bébé André, qui avait bu deux doigts de vin pur (c'est son péché mignon), était rouge comme une écrevisse cuite et babillait, babillait, babillait, à rendre des points à la fée Bavarde en personne !

Quant à mes fils aînés, ils ne demandaient qu'une chose : recommencer ou continuer la partie de pêche.

— Vous n'y pensez pas, dis-je, mes enfants ! L'orage est dans toute sa violence. N'entendez-vous pas les roulements précipités de la foudre ? ne voyez-vous pas la pluie ?

— Mais alors qu'allons-nous faire ici ? demanda Maurice.

— Papa nous racontera des histoires, dit Raymond.

— C'est ça, des histoires ! des histoires ! des histoires ! répétèrent en
chœur les quatre gamins sur l'air des
Lampions.

— Des histoires, mais je n'en sais
pas.

— Si ! tu en sais. Et de très drôles
encore !

— Des histoires ! des histoires ! des
histoires ! fit le chœur.

Qu'eussiez-vous fait à ma place,
papas qui me lisez ? Vous eussiez obéi,
n'est-ce pas ? Eh bien, j'obéis, et,

Catherine (c'est ma pipe), soigneusement bourrée et allumée, je commençai en ces termes :

— Vous savez, mes enfants, qu'après la bataille de Philippes, Antoine, Octave et Lépide se partagèrent le monde romain. C'est ce qu'on appelle le second triumvirat. La Grèce et l'Asie échurent à Antoine.

Or, en Égypte, régnait alors Cléopâtre, femme non moins célèbre par les charmes de sa beauté que par la noirceur de son caractère. Dans la crainte qu'Antoine ne la dépossédât du trône, elle employa, pour s'assurer son amitié, toutes les séductions imaginables.

C'étaient, chaque jour, des plaisirs nouveaux, de somptueux festins, des fêtes magnifiques, des promenades sur le Nil, des spectacles de toutes sortes. D'abord tout alla bien. Antoine daignait s'amuser. Mais bientôt, comme chez tous les gens blasés, l'ennui reprit le dessus, et un jour Cléopâtre surprit son hôte qui réprimait un bâillement. Le cas était grave. Si Antoine s'ennuyait, l'idée ne pouvait-elle lui venir, pour se distraire, de faire couper la tête à la reine d'Égypte? Alors Cléopâtre, à bout de ressources, imagina de proposer au triumvir une partie de pêche, de pêche à la ligne. Antoine sourit et accepta.

Les voilà donc remontant le Nil, à bord d'une riche trirème que vingt rameurs faisaient voler sur l'eau.

Arrivé à l'endroit où la pêche devait avoir lieu, on jeta l'ancre et l'on prépara les engins.

La trirème de Cléopâtre.

Mais Antoine, dont la vie s'était écoulée dans les camps, Antoine ne se doutait pas des premières règles de l'art de la pêche. Le poisson avait beau mordre et tirer sur la ligne, le triumvir ne prenait absolument rien.

Cléopâtre n'avait pas songé à cela, et elle voyait avec inquiétude le visage de son hôte trahir, d'instant en instant, une colère moins dissimulée. Être l'arbitre du monde, faire trembler des millions de mortels au simple froncement de ses sourcils et ne pouvoir déjouer les ruses d'une coquine d'ablette, prêter à rire à tous ceux qui vous entourent, n'y avait-il pas là, en effet, de quoi faire perdre à un homme plus modeste qu'Antoine son calme et sa belle humeur?

Cléopâtre donc se demandait comment elle échapperait à ce danger imprévu, quand, se penchant à l'oreille d'un esclave, elle lui dit quelques mots à voix basse.

Aussitôt celui-ci plonge sans bruit derrière elle et disparaît dans le fleuve.

Un instant après, Antoine voit sa ligne s'agiter. Il *ferre*, et paf! comme dit notre ami Bébé André, un magnifique poisson apparaît au bout.

Le front du triumvir s'est éclairci. Un second coup! un second poisson! Antoine commence à trouver un certain plaisir à la pêche. Il est émerveillé et fier de son adresse. Les coups et les poissons se succèdent sans interruption. Cléopâtre respire. Mais:

— Qu'est-ce que cela? s'écrie le triumvir étonné.

Il vient de ramener au bout de sa ligne... un *poisson salé !*

La reine pâlit, et, comme beaucoup de femmes, pour se tirer d'embarras, elle ne trouve rien de mieux à faire que de se trouver mal.

Antoine a compris. L'esclave qui plonge dans le Nil a reçu l'ordre d'attacher, sans qu'on s'en aperçoive, un poisson à l'hameçon, et comme sa provision s'est vite épuisée, dame ! il a mis cette fois un poisson salé ! Il aurait pu mettre un poisson frit ; c'est encore de la discrétion de sa part. Au lieu de se fâcher, Antoine, qui, après tout, était un homme d'esprit, aima mieux rire de l'aventure, mais ce fut, dit l'histoire, la première et la dernière fois qu'il pêcha à la ligne (1).

(1) Plutarque, *Vie des hommes illustres*, raconte la même anecdote, mais en disant que ce fut Antoine lui-même qui, pour dissimuler sa maladresse, faisait attacher des poissons à sa propre ligne.

III

— Une histoire ! une autre histoire !
firent les quatre enfants en chœur.

La pluie tombait toujours. Je rallu-
mai Catherine qui venait de s'éteindre,
et je repris :

— Les héros de l'aventure que je
vais vous raconter étant encore vivants,
je vous demanderai la permission de

déguiser leurs noms sous les pseudo-
nymes de M. Durand et d'Arthur.

— Paf ! accordé ! dit Bébé André.

Donc Arthur X... était un jeune
homme de vingt-deux ans, qui, après
avoir lestement croqué son patrimoine,
se vit réduit à demander au travail des
moyens d'existence ; garçon d'esprit,
du reste, bon à tout, comme on dit : ce
qui signifie souvent bon à rien.

Assez embarrassé de sa personne,
Arthur eut l'idée d'entrer au ministère des finances, où son père avait

compté quelques amis, et adressa en conséquence une demande à M. Durand, chef de division, de qui la chose dépendait. La lettre resta sans réponse.

Nouvelle pétition qui n'eut pas un meilleur résultat. Un peu blessé de ce silence, Arthur prit des renseignements sur le compte de son futur chef hiérarchique.

— Si tu veux lui parler sans faire antichambre, lui dit un de ses amis, c'est à l'île Saint-Ouen, de cinq à sept heures du matin, que tu le trouveras tous les jours.

— A l'île Saint-Ouen ! répéta Arthur. Et que va-t-il faire là ?

— Pêcher, parbleu ! M. Durand est connu sur toutes les rives de la Seine pour le plus intrépide pêcheur. Tous les matins, quelque temps qu'il fasse, pluie ou gelée, grêle ou vent, il va passer deux heures dans l'île Saint-Ouen avant de se rendre à son administration. Par exemple, quand il tient la ligne à la main, il n'aime pas à être dérangé. Si j'avais la malencontreuse idée de lui dérober une audience dans ce moment-là, je serais parfaitement sûr, le lendemain, de me voir consigné à la porte de mon bureau.

— Eh bien! moi, qui n'ai rien à perdre, dit Arthur, je tenterai la fortune.

Les deux amis se séparèrent.

Le lendemain matin, quand M. Durand débarqua dans l'île Saint-Ouen, jugez de son étonnement et aussi de sa méchante humeur en voyant un pêcheur installé à sa place favorite.

— Eh ! monsieur, dit-il, que faites-vous donc là ?

— Eh ! monsieur, repartit l'inconnu, vous le voyez bien, je pêche.

— Mais, monsieur, reprit M. Durand, la place...

— Appartient au premier occupant, interrompit l'autre.

Le chef de division ne répondit rien. Il sentait que son adversaire avait raison. Il alla donc s'installer quelques mètres plus loin. Mais il paraît que cette place ne valait pas la première, car

M. Durand ne vit pas une touche. Et de temps en temps, il tournait la tête vers le malotru plus matinal que lui.

— Ça mord-il, monsieur? lui demanda-t-il.

— Très bien, disait l'inconnu, mais je ne sais comment cela se fait, je ne prends rien.

— Le maladroit, pensait à part lui M. Durand, il a une excellente place que j'ai amorcée depuis huit jours et il ne prend rien.

Et il l'envoyait à tous les diables.

Enfin, impatienté, hors de lui, il se décida à plier bagage, et à battre en retraite, se promettant bien le lendemain de se lever de meilleure heure.

Mais le lendemain, ô désespoir ! la place était encore occupée et toujours par le même inconnu. Cette fois M. Durand eut bonne envie de lui chercher querelle, sinon de le jeter à l'eau ; seule la crainte de l'échafaud retint l'irascible chef de division.

— Mais, monsieur, dit-il, vous n'avez donc rien à faire, pour perdre ici votre temps dès le matin.

— En effet, monsieur, répondit l'autre ; voici quinze jours que j'ai adressé une demande pour être admis au ministère des finances, je n'ai pas encore reçu de réponse, et, tant que je n'en recevrai pas...

M. Durand dressa l'oreille.

— Vous vous nommez? dit-il.

— M. Arthur X..., pour vous servir.

— Ah ! bah ! fit le chef de division,

qui se souvint d'avoir lu ce nom d'Arthur X... au bas de certaine pétition
qui dormait depuis quinze jours dans
un des tiroirs de son bureau.

Et il ajouta, se parlant à lui-
même :

— Sois tranquille, mon bon ami, demain tu seras nommé et j'aurai le plaisir de ne plus te rencontrer ici.

Le lendemain, en effet, Arthur X...
recevait avis de sa nomination, avec
invitation de se rendre au ministère
dès la première heure.

Ce jour-là, M. Durand trouva sa place libre et prit un barbillon magnifique qui pesait plus de trois livres.

Mais ceci n'est que le premier acte de notre drame.

M. Durand avait une fille charmante que notre ami Arthur rencontra dans le monde, et dont il devint éperdument épris. Comme il ne doutait de rien, il demanda sa main au papa, qui le mit très poliment, mais très nettement à la porte.

Arthur ne s'avoua pas vaincu.

Quelques jours après, comme M. Durand, tranquillement assis dans l'île Saint-Ouen, suivait d'un œil attentif le bouchon de sa ligne qui s'en allait au fil de l'eau, soudain une voix derrière lui demanda :

— Ça mord-il ?

— Oui, dit M. Durand, sans se déranger, il y a un quart d'heure qu'une carpe folâtre au tour de mon hameçon.

— Ah ! fit la voix, très bien.

Le soleil se levait en ce moment, derrière le rideau des peupliers, de sorte que M. Durand, sans tourner la tête, put voir l'ombre de son interlocuteur se projeter sur le miroir des eaux, une ombre immense, fantastique.

Il lui sembla alors que l'ombre commençait à se déshabiller, ôtant son paletot, puis sa cravate, puis son gilet, puis un vêtement que la pudeur m'empêche de nommer.

— Sapristi ! fit M. Durand.

Et se retournant :

— Comment, monsieur Arthur, c'est

M. Durand et l'ombre.

vous, ajouta-t-il très étonné en reconnaissant son employé. Que diable venez-vous faire ici ?

— Vous le voyez, répondit Arthur. Depuis que vous m'avez défendu d'aspirer au bonheur de devenir votre gendre, la vie est pour moi un fardeau trop pesant. J'ai résolu d'en finir, et...

— Un suicide, malheureux ! s'écria M. Durand. Y pensez-vous ? Attendez au moins un instant. Il me semble que la carpe se décide à mordre.

— Pas une minute, monsieur.

— De grâce !

— Non ! non ! ma résolution est bien prise.

Et Arthur fit un mouvement pour piquer une tête dans la rivière.

— Arrêtez, s'écria de nouveau M. Durand. Elle commence à mordre.

— Ça m'est bien égal !

— Mais si...

— Parlez !

— Si je vous permettais d'espérer ?

— Non, non ! Il me faut plus qu'une

espérance, il me faut une promesse for-
melle.

— Eh bien ! reprit M. Durand, en qui
se livrait un violent combat, eh bien,
si je prends ma carpe, je vous promets... Mais, pour Dieu ! tenez-vous
tranquille. Oh ! la voilà qui mord.

Il ferra et sentit au bout de sa ligne
une résistance qui l'étonna. La carpe
était piquée, une carpe énorme, une
carpe comme il n'en avait jamais pris,
une carpe comme il n'en avait jamais
rêvé !

Et voilà comment M. Arthur X....
entra au ministère et comment il
épousa la fille de son chef de division.

— Bravo, monsieur Durand ! s'écria
Raymond.

— Mais regarde donc, petit papa,
dit Bébé André, il me semble que la
pluie commence à cesser.

En effet, l'orage s'éloignait du côté de
Paris et le soleil, dissipant les derniers
nuages, reparaissait dans l'azur du
ciel.

— Notre pêche n'est pas terminée,

reprit Raymond, et j'imagine qu'il y a bien quelque goujon à qui nous pourrions dire un mot.

— La pêche n'est pas terminée, répondis-je, mais ce n'est plus de goujons qu'il s'agit maintenant, c'est de gardons, d'azios et peut-être même de brèmes.

— Oh ! oh !

— La pluie torrentielle qui vient de tomber a dû grossir les ruisseaux qui se jettent dans la Seine ; leurs eaux bourbeuses et chargées de détritus animaux et végétaux vont attirer tous les poissons petits ou gros de la rivière, notamment ceux dont je parlais tout à l'heure. Au bateau donc ! et ne laissons pas perdre cette bonne aubaine.

— Au bateau ! s'écrièrent les quatre enfants.

Mais le bateau était plein d'eau. Il fallut donc d'abord *écoper*, ce que je fis, pendant que Maurice, s'emparant des avirons, nous reconduisait du côté du Port-Marly.

La flottille.

Je ne m'étais pas trompé dans mes prévisions. Une escadre de dix ou douze canaux embossés en face du port, à la hauteur du petit ruisseau qui descend des coteaux de Marly, me prouva que tous les pêcheurs des environs avaient eu la même idée que moi. Donc l'idée n'était pas mauvaise.

En effet, les eaux du ruisseau, épaisses et jaunâtres, formaient dans le courant de la Seine comme un fleuve au milieu d'un autre fleuve, et ne commençaient à se mélanger, à se confondre, que deux ou trois cents mètres plus bas.

— C'est ici que nous devons jeter l'ancre, dis-je en reprenant les avirons ; mais il nous faut d'abord modifier notre armement.

Vous avez remarqué que, ce matin, nous pêchions avec des hameçons numéro 14, montés sur crin, un simple crin emprunté à la queue d'un cheval.

Maintenant nous allons avoir affaire à des adversaires de plus forte taille. Le crin n'offrirait donc pas une assez grande résistance, et nous le remplacerons par de *la racine*.

— Qu'est-ce que *la racine* ? demanda Georges.

— Une espèce de fil transparent très fin et très solide que l'on obtient en étirant le ver à soie avant sa transformation en chrysalide. Je préfère le crin à la racine, à cause de sa plus grande flexibilité, quand il s'agit de la pêche au goujon, mais pour le gardon et la brème, la racine est indispensable.

J'allai alors *me ficher* entre le canot

de M. Houssoye et celui d'un autre pêcheur de mes amis, M. Grozos, qui
avait à son bord ses deux fils, Paul et
Henri, deux charmants petits bons-
hommes.

Les enfants échangèrent quelques
paroles.

— Eh bien ! Henri, demanda Raymond, ça va-t-il ?

— Je viens de manquer une brème
superbe, répondit Henri.

— Paul a déjà pris deux beaux gardons, ajouta M. Grozos.

— Tant mieux, dis-je, c'est la preuve qu'il y a du poisson.

Puis, m'adressant aux enfants :

— Notre procécé de pêche, repris-je, doit changer suivant les circonstances et le poisson que nous espérons prendre. Il n'est plus besoin de *pilonner* ; le goujon seul remonte le courant d'eau trouble. Le gardon et la brème fuieraient au contraire au bruit que nous ferions. Nous allons amorcer avec des boulettes de terre mélangée de *blé cuit,* d'*asticots* et de *son,* que nous jetterons à quatre ou cinq mètres au-dessus du point où nous pêchons, afin que le courant apporte l'amorce précisément en face de nous. La ligne recevra aussi quelques modifications; nous pourrons porter à trois le nombre des hameçons.

Une dernière observation. Quand le goujon mord, la flotte s'enfonce brusquement. Quand c'est un poisson blanc, elle est agitée de petites se-cousses beaucoup moins prononcées; il faut donc laisser mordre plus long-temps avant de *ferrer*.

Enfin il arrive quelquefois que la flotte, au lieu de s'enfoncer, se relève sans secousse et se tient horizontalement à la surface de l'eau. C'est ce que nous appelons un coup de *relevage*. Si le fait se présente, prenez garde, c'est presque toujours un gros poisson, et, à *ferrer* avec la vigueur de ce matin, vous risqueriez de tout casser.

Ces instructions une fois données, et nos préparatifs achevés, les enfants jetèrent leurs lignes à l'eau, non sans avoir, au préalable, consulté la sonde.

Cependant tout d'abord le résultat ne sembla pas répondre à notre attente; dix minutes se passèrent sans qu'on vît le moindre coup. Déjà mes élèves s'impatientaient.

— Dame, dis-je, les gros poissons sont moins nombreux que les petits et la patience doit être la première vertu du pêcheur.

Soudain :

— Une brème ! s'écria M. Grozos,

qui, comme je l'ai dit, était fiché à quelques mètres au-dessus de nous.

Nous nous levâmes tous avec émotion et nous ne perdîmes pas une seule des péripéties du drame qui se déroulait devant nous.

La brème piquée par M. Grozos pouvait peser deux livres et demie à trois livres, autant qu'on en pouvait juger, quand elle voulait bien se montrer à fleur d'eau, en se laissant aller sur le côté. Alors on voyait ses flancs, larges comme les deux mains, aux écailles enduites de viscosités. Puis le poisson semblait retrouver ses forces et disparaissait en entraînant la ligne que le pêcheur laissait prudemment filer. Puis, quand celui-ci sentait la résistance diminuer, il ramenait la brème, jusqu'à lui mettre le nez hors de l'eau.

Cette lutte dura pour le moins dix minutes, dix siècles ! devrais-je dire. La ligne était montée sur crin, et c'est peu, je vous assure, qu'un simple crin de cheval pour enlever un poids

Le duel de M. Grozos et de la brème.

de trois livres, multiplié par les se-
cousses du poisson.

Le moindre faux mouvement, une
résistance trop vive, le crin cassait, la
brème était perdue.

C'était un duel d'un nouveau genre,
où l'homme apportait sa prudence et sa
raison, le poisson son instinct et sa
force ; un duel qui devait, comme beaucoup d'autres, finir par un déjeuner,
mais un déjeuner dont un des adversaires était appelé à faire tous les
frais.

La victoire devait rester à l'homme. Fatiguée, épuisée, *noyée* aux trois quarts, la brème finit par se coucher sur le flanc. M. Grozos saisit alors de la main gauche une épuisette, la coula sous le ventre du poisson et enleva celui-ci.

— Bravo ! m'écriai-je !

— Paf ! il y est, fit Bébé André, en battant des mains.

— M. Grozos, en pêcheur expérimenté, repris-je, a employé le seul moyen. S'il eût voulu enlever la brème sans épuisette, il ne l'eût jamais eue.

— Comment cela, petit papa ? demanda Raymond. Puisqu'il tenait bien le poisson au bout de sa ligne, dans l'eau, il ne me paraît pas qu'il fût plus difficile de l'amener dans le bateau.

— Et c'est là qu'est ton erreur, mon ami. D'abord, en se sentant hors de son élément, le poisson redouble ses efforts, ce qui augmente sa force de résistance. En outre, la loi d'Archimède cesse de lui être applicable.

— Qu'est-ce que la loi d'Archi-mède ? firent les quatre enfants d'une seule voix.

— Une loi de physique dont le savant de Syracuse a le premier donné la formule, et qui peut se résumer en ces termes : Tout corps plongé dans l'eau perd de son poids le poids du volume d'eau qu'il déplace.

— Je ne te comprends pas bien, fit Maurice.

— Quand tu plonges un corps quelconque dans un liquide, tu déplaces une partie de ce liquide dont le niveau s'élève, par contre. Eh bien, si le liquide déplacé, un litre d'eau, par exemple, pesait un kilo, le corps en question perdrait exactement ce même poids.

— Comment donne-t-on la preuve de cette loi?

— De bien des façons différentes. Mais si tu es curieux de contrôler toi-même l'expérience, je vais t'en fournir le moyen. Un litre d'eau, ai-je dit, d'eau pure ou distillée, bien entendu, pèse juste un kilo. Prends une balance. D'un côté mets une bouteille de la capacité d'un litre, remplie de sable mouillé, de l'autre le poids correspondant, cinq kilos, si tu veux. Ta balance est exactement en équilibre. Plonge alors dans un seau d'eau le plateau où se trouve la bouteille. Tu vois immédiatement ce plateau se relever: car il est devenu plus léger que l'autre, plus léger juste d'un kilo. C'est précisément le poids de l'eau que la bouteille a déplacée. Cette loi d'Archimède sert à expliquer de nombreux phénomènes qui chaque jour frappent tes yeux, sans que tu les remarques. Voici une balle de plomb. Jette-la à l'eau, elle ira au fond. Veux-tu, au contraire, qu'elle surnage ?

— Oh ! oh ! fit Raymond d'un air incrédule.

— Donne-lui une surface plus grande en l'aplatissant ; de la sorte elle déplacera une quantité d'eau plus considérable, et l'équilibre de la pesanteur une fois établi entre le corps solide et le corps liquide, ton morceau de plomb surnagera comme un morceau de liège. On construit aujourd'hui en fer la coque de bon nombre de navires, surtout des navires de guerre. C'est tout simplement l'application de la loi d'Archimède.

Les enfants, distraits un instant par ma digression scientifique, reprirent leurs lignes.

Comme je l'avais prédit, la place se *faisait*, les touches devenaient plus fréquentes, mais elles étaient très différentes de celles du goujon. Mes élèves prirent ainsi vingt ou trente gardons et azios.

Ces poissons, qui ne valent pas grand'chose dans la friture, sont du reste plus amusants à pêcher que le goujon, parce qu'ils se débattent et pèsent davantage à la main.

Tout à coup la flotte de Bébé André se redressa doucement et prit une position horizontale à l'eau.

Cela ressemblait si peu à une touche que l'enfant n'y fit pas grande attention, malgré ma recommandation ; mais comme la ligne était arrivée à l'extrémité de son champ, il voulut la relever pour la rejeter en amont.

— Papa ! papa ! s'écria-t-il, en sentant une forte résistance, suivie bientôt d'effrayantes secousses.

J'accourus. Mais trop tard ! Bébé André, dans son impatience, avait tiré, tiré, tiré…. et la ligne s'était rompue au-dessus du second hameçon.

Le pauvre enfant était désespéré. Pour un rien, il se fût arraché les cheveux.

— Une brème! une si belle brème! disait-il, et les larmes lui venaient aux yeux.

Hélas! il n'en revint plus, de brème! En revanche, le gardon et l'azio *donnèrent* fort, et quand, à cinq heures du soir, nous reprîmes le chemin de Saint-Germain, les petits pêcheurs ployaient littéralement sous le poids du poisson.

Je n'exagère rien en évaluant notre butin à vingt ou vingt-cinq livres.

La maman vint à notre rencontre.

— Vous êtes-vous bien amusés ? nous demanda-t-elle du plus loin qu'elle nous aperçut.

Pour toute réponse, les enfants m'embrassèrent dix fois.

De sorte que — les papas me croiront sans peine — je ne fus pas le moins content de notre journée.

FIN.